AF461018

# SOCIÉTÉ

# SÉRICICOLE

DE

# LA GIRONDE.

**BORDEAUX,**
IMPRIMERIE DE LAVIGNE,
Allées de Tourny, 7.

**Août 1844.**

S

# SOCIÉTÉ SÉRICICOLE

## DE LA GIRONDE.

## TROISIÈME PUBLICATION.

### Rapport à M. le Préfet de la Gironde.

Monsieur le Préfet,

En vous adressant le rapport de ses travaux, la Société séricicole est plus que jamais convaincue de l'importance de la question à laquelle elle dévoue tous ses soins. Plus que jamais cette question doit exciter l'attention des hommes qui se préoccupent du bien-être du pays, et qui veulent, en ajoutant à sa richesse agricole, propager le développement des idées industrielles; c'est donc avec une entière confiance que nous recourons de nouveau à votre bienveillance et à celle du Conseil général en sollicitant la continuation de ses bons offices et des vôtres.

Nous ne rentrerons pas dans les questions générales que nous avons abordées l'année dernière, nous ne redirons pas pour quelle somme la France est tributaire de l'étranger, ni dans quelle proportion le développement du luxe accroît la consommation des soieries françaises. Nous renfermant dans la question de localité, nous ferons remarquer seulement que la réussite de cette industrie est désormais assurée sur presque tous les points de la Gironde, et qu'aujourd'hui comme autrefois, les produits de notre contrée ont été reconnus pour les plus beaux entre tous. En effet, des trois spécialités qui constituent l'industrie sérigène, c'est-à-dire la culture du mûrier, l'éducation des vers et la préparation de la soie, il n'en est aucune pour laquelle le département de la Gironde n'offre déjà les plus riches espérances ou plutôt les garanties les plus incontestables. Le mûrier prospère dans les sables de Belin comme dans les landes de Bazas, dans les terres argileuses de l'Entre-deux-Mers comme dans les graves de Langon, sur les collines calcaires de la Dordogne comme dans les terres d'alluvions de la Gironde. Peut-être même notre département entré le dernier dans la carrière, dotera-t-il bientôt cette branche d'agriculture d'un perfectionnement jusqu'ici regardé comme impossible : la production par bouture du mûrier greffé.

Quant à l'éducation des vers, la pratique en devient chaque jour plus familière à nos populations rurales, et les résultats en sont chaque année plus avantageux. Les renseignemens recueillis à la hâte par les commissions, ont porté la production de cette année dans la Gironde à plus de 3,600 kilos, et il est permis de croire qu'elle s'est élevée beaucoup plus haut parce qu'un certain nombre d'éducateurs plaçant leurs produits au dehors, il n'a pas encore été possible d'avoir des notes précises à cet égard. Enfin, relativement à la quantité de la soie et à la main d'œuvre, il nous suffira de rappeler les noms de M. de Virieu, éducateur à Pessac, dont la soie obtient, à Lyon même, la préférence sur les soies du Dauphiné, de M. André-Jean, de Saint-Selve, qui a obtenu cette année à l'exposition de l'industrie un prix pour la belle nuance de ses soies, et de M. Bresson, dont la filature a été l'objet d'une distinction pareille.

Le succès est donc certain, et si la Société séricicole s'est formée, c'est parce que cette certitude était partagée par un grand nombre d'agriculteurs et de négocians, c'est parce que les tentatives qui avaient été faites jusqu'alors constataient la possibilité de réussir; mais à côté d'essais utiles et fructueux, on signalait des entreprises imprudentes et ruineuses ; à côté de résultats positifs, on signalait des mécomptes nombreux; d'ailleurs l'émulation manquait, et il importait de donner à l'industrie naissante une direction sage et uniforme, si l'on ne voulait pas qu'elle risquât d'être compromise. Quelques hommes plus spécialement voués à cette industrie avaient bien cherché à reprendre l'œuvre si malheureusement interrompue du passé ; ils avaient mis leur expérience au service du comice agricole devenu aujourd'hui la Société d'agriculture ; mais ils n'avaient pas tardé à comprendre qu'il fallait une action plus spéciale et plus régulière qui pût embrassser en même temps, et les travaux agricoles et les travaux industriels, et qui, tournée sans cesse vers un but assez important et assez difficile par lui-même, ne fût point distraite par d'autres soins.

Telles étaient les considérations qui avaient donné naissance à la Société séricicole, et, pour procéder méthodiquement dans son œuvre, elle a cru devoir prendre l'industrie à sa base, c'est-à-dire commencer par la question agricole. Après avoir appelé à son aide le concours de tous les hommes éclairés, des hommes de dévoûment et de zèle, elle a cherché à faire comprendre qu'il fallait avant tout s'occuper des plantations, les faire avec entente et assurer leur développement par des soins assidus avant de songer à leur exploitation.

La tâche de la Société eût été bien facilitée à cet égard, si les enseignemens qu'elle donnait eussent été appuyés par des exemples et qu'elle eût pu montrer aux agriculteurs qui s'adressaient à elle une pépinière fournie et dressée d'après les règles de l'art. Malheureusement cette source d'instruction n'existait pas, et même les échantillons de plants de mûriers venus sur les lieux, qui avaient été livrés à l'agriculture, se trouvaient ordinairement si défectueux qu'ils n'avaient pu que compromettre le succès des plantations commencées. La Société, à laquelle ses ressources ne permettaient pas de mieux faire, a dû accepter avec empressement l'offre qui lui était faite par Mgr. l'Archevêque d'un terrain sur lequel elle s'est immédiatement occupée de créer une pépinière-modèle pour la plantation et la taille des mûriers; mais ce ne peut être là qu'un essai dont la direction et la conduite seraient encore trop coûteuses pour elle. L'attention du Conseil général se portera sans doute sur la nécessité de fonder un établissement de ce genre qui réunisse toutes les conditions nécessaires pour offrir à nos agriculteurs une école pratique où ils viendront s'instruire et se former aux leçons de l'expérience.

Cet objet est d'autant plus important, Monsieur le Préfet, que la Société est exposée à des inconvéniens de plus d'un genre dans ses rapports avec les pépiniéristes étrangers.

Elle avait fait venir et répandre gratuitement sur toute la surface du département des mûriers d'excellentes qualités tirés des pépinières de Montauban.

Ces mûriers étaient fort beaux et ne laissaient rien à désirer quant à leurs qualités industrielles, et d'un autre côté le prix en était minime, puisque nous avions obtenu à 55 c. de magnifiques hautes-tiges à tête toute formée; mais soit que les emballages aient été confectionnés trop économiquement, soit que le transport en ait été plus lent qu'il n'aurait dû l'être par suite des retards de navigation, la reprise de tous ces arbres n'a pas été satisfaisante en tous points, et la question de pépinière locale et de distribution de sujets à bon marché reste une question vitale pour l'établissement de cette industrie.

Vous verrez, Monsieur le Préfet, par le compte de l'emploi des fonds de la Société, que les soins ont été particulièrement appliqués aux plantations qu'elle a cherché à étendre et qu'elle a voulu favoriser par des distributions gratuites d'arbres et d'instructions agricoles pratiques; c'était là, nous l'avons dit, le premier besoin. Mais en s'occupant de cet objet, elle ne pouvait pas perdre de vue les voies dans lesquelles devaient être dirigées les tentatives industrielles qui se manifestaient; et comme rien n'est plus funeste à la propagation des industries que les mécomptes qui proviennent d'essais mal entendus, elle s'est attachée dans ses publications à prémunir les producteurs contre l'entraînement d'un zèle irréfléchi; elle a cherché à faire comprendre qu'il ne fallait pas se livrer à de coûteuses dépenses d'installations inutiles pour le succès.

Nous avons voulu répandre cette conviction qu'il est peu de bâtimens ruraux, peu de lieux d'exploitation agricole qui ne puissent être appropriés, sans trop de frais, à l'éducation des vers-à-soie. Ainsi, nous avons cherché partout à guider ou à retenir l'inexpérience, et nous l'avons fait sans affaiblir les convictions, sans ralentir le zèle; car, non-seulement le nombre des planteurs s'est considérablement accru, mais un grand nombre des plantations nouvelles ont obtenu les meilleurs résultats, soit sous le rapport de la qualité des cocons, soit sous celui d'une meilleure entente des soins hygiéniques et d'une meilleure distribution de la nourriture.

Nous continuerons, Monsieur le Préfet, d'exciter à diriger ainsi le mouvement qui s'opère; et quand les ressources de la production agricole auront été assurées, nous nous occuperons plus spécialement des encouragemens à donner aux éducateurs, soit en leur offrant une prime, soit en assurant à leurs produits, au moyen d'une filature centrale, le débouché le plus sûr et le plus avantageux.

C'est ainsi que, par des conseils et des exemples, par la création d'une pépinière et la distribution de sujets, par des encouragemens et des récompenses, la Société s'est efforcée de développer une industrie qui, dans notre département, offre déjà des résultats si importans, et qui doit devenir pour notre population agricole une source générale de bien-être. Prenant nos démonstrations dans le présent et dans le passé, nous montrons d'une part le succès obtenu par les éducateurs qui ont préludé à la formation de la Société; nous rappelons, de l'autre, les généreux efforts d'un grand administrateur, de M. de Tourny, qui voulut attacher son nom à la propagation de l'industrie séricicole dans la Guienne, et dota la province des premières plantations, dont les vestiges existent encore sur divers points et attestent les qualités de notre sol pour la culture du mûrier.

Parmi les récompenses que la Société a décernées cette année, il en est qui doivent être signalées plus particulièrement à l'attention de ceux qui s'intéressent au succès de notre entreprise. M.me la supérieure des sœurs de Saint-Joseph, qui avait promis de mettre à notre service les ressources d'une expérience consommée, afin d'enseigner aux jeunes filles des campagnes ces pratiques industrielles qui répandent dans d'autres contrées le travail et l'aisance, a tenu ses promesses avec bonheur cette année; une éducation de 32 grammes de graine, dirigée par ses soins, a produit 72 kilogrammes de cocons, ce qui est un résultat vraiment magnifique. Par les élèves que nous devrons à cette œuvre de bienfaisance, par les éducateurs qui nous arrivent des pays séricicoles et qu'appellent chez nous la publicité de nos travaux, nous concevons l'espoir de rendre plus familières des pratiques contre lesquelles d'injustes préventions s'étaient élevées jusqu'ici.

Une autre récompense a encore été accordée au sieur Menesplet, magnanier et filateur habile chez M. le comte de Virieu, à Pessac sur Dordogne. L'établissement de M. de Virieu n'avait pas assez fixé jusqu'ici l'attention des hommes qui s'intéressent à la prospérité du pays. Cet établissement est le seul dans la Gironde qui puisse en quelque sorte renouer les traditions du passé, le seul qui, par une persévérance vraiment digne d'éloges, ait protesté contre l'abandon d'une industrie pourtant si riche d'avenir. Depuis trente ans la magnanerie de M.me la comtesse de Virieu fonctionne à Pessac, alimentée par des mûriers qui ont résisté à la dévastation des temps passés, et cette année elle a pu constater un notable progrès excité par l'émulation qui l'environne, car 3 hectogrammes 75 grammes de graine ont produit 250 kilos de cocons, tandis que l'année dernière 5 hectogrammes n'avaient produit que 240 kilos.

Par la liste des distributions et des producteurs, par l'état de nos dépenses, vous verrez, Monsieur le Préfet, que la subvention qui nous a été confiée n'est pas restée improductive en nos mains.

Nous avons donc la ferme confiance que le Conseil général secondera vos bonnes dispositions et qu'il continuera de s'associer, dans la mesure de ses ressources, à une œuvre qui est la sienne propre ; car, si la Société a pris naissance par ses inspirations, elle cherchera toujours dans ses encouragemens, dans les témoignages de sa satisfaction, les conditions de son existence et le prix de ses efforts.

## Rapport de M. le docteur Desplat

### SUR LE VER-A-SOIE DU PIN.

Votre attention a été appelée sur le produit d'une chenille qui vit en société sur le pin maritime.

Malgré votre défiance bien naturelle et votre circonspection pour tout ce qui est nouveau, vous n'avez pu résister à l'entraînement que l'on éprouve en examinant avec soin le tissu brillant et argenté de ces énormes nids qui se balancent au sommet des pins et s'y multiplient, chaque année, d'une manière si effrayante. Vous avez remercié l'auteur de la communication, M. Moureau, de la Teste, et, pour satisfaire à la fois à sa demande et au sentiment qu'il venait d'éveiller en faveur de ce malheureux pays, connu encore sous le nom de Landes de Gascogne, vous avez chargé une commission (1) de se livrer aux expériences nécessaires pour apprécier le parti que l'industrie sérigène pourrait retirer de la découverte qui vous était signalée.

Organe de cette commission, le travail d'analyse et le résultat des essais que je viens placer sous vos yeux vous mettront à même de juger de l'importance des idées économiques qui vous avaient séduit tout d'abord; mais pour ne pas être accusé d'asseoir des opinions nouvelles sur un sujet déjà traité, vous me permettrez de vous faire connaître l'opinion des savans et des naturalistes qui ont étudié cette chenille avant moi, et qui m'ont dirigé dans les recherches auxquelles j'ai dû me livrer.

Le papillon que produit le ver-à-soie du pin appartient, comme le *Bombyx mori*, à la nombreuse tribu des lépidoptères nocturnes désignée par les entomologistes sous les noms de *Bombycites* ou *Bombyciens* : il fait partie du genre *sasiocampe*, et porte le nom de *Pithyocampa*.

Le mâle a les ailes supérieures en toit, non dentées, d'un gris cendré, bordées de points bruns avec différentes lignes brunes brisées et transversales. Les inférieures sont blanches et unies. Les antennes sont fortement pectinées, jaunâtres, ainsi que la partie postérieure du corps, dont les anneaux paraissent séparés par autant de traits noirs.

La femelle diffère du mâle par des couleurs moins foncées et principalement par l'extrémité de l'abdomen qui se trouve chez elle garnie d'une grande quantité de petites écailles tuilées qui se détachent pour peu qu'on les touche, et dont l'usage est encore incertain.

La chenille est rousse et velue, sa tête est ronde et

(1) Cette commission était composée de MM. Ginouilhac, Vallette et Desplat.

noire, elle a les poils couleur de feuille morte sur le dos et blanchâtre sur les côtés; ses pattes sont au nombre de seize. Elle a de quinze à seize millimètres de long et n'est guère plus grosse que la chenille commune de nos contrées; elle se meut à la manière des *processionnaires*.

Sa chrysalide est d'un bleu marron, pointue dans sa partie antérieure, caractère que l'on ne trouve point dans les chrysalides des autres chenilles; elle est arrondie et terminée par deux petits crochets. Tels sont les caractères extérieurs du *Pithyocampa*.

La plupart des auteurs que j'ai consultés s'expriment à peu près de la même manière au sujet de cet insecte. « Les forêts de pin, disent-ils, nourrissent des chenilles qui passent une grande partie de leur vie en société; elles sont dignes d'attention par la qualité et la quantité de soie dont est fait le nid qu'elles habitent en commun. Sorties presque toutes le même jour des œufs d'un même papillon, elles se trouvent ensemble en croissant et continuent d'y vivre. Elles ne sont pour ainsi dire que des frères et des sœurs, formant une république de plus de trois cents individus, et, peu de temps après leur naissance, qui a lieu vers le commencement d'Octobre, elles travaillent de concert à se construire un nid proportionné d'abord à leur grandeur et dont elles augmentent l'enceinte au fur et mesure qu'elles grossissent, en filant de nouvelles toiles et en forçant de nouvelles feuilles de pin de s'y réunir.

» Vers la Toussaint, ces nids sont assez gros pour se faire remarquer. Situés au bord des branches du pin maritime, ils affectent ordinairement une forme cônique ou périforme dont la base est en haut à l'extrémité libre des feuilles, et le sommet en bas adhérent à la branche. Sans étendre plus loin cette description, disons seulement que par une ouverture faite en forme d'entonnoir, et le matin au lever du soleil, les chenilles sortent toutes à la file les unes des autres pour aller à la picorée; une trace de soie marque la route qu'elles suivent en s'éloignant; elles reviennent par la même voie deux ou trois heures après, et ce temps a suffi pour leur repas; il varie cependant suivant le temps et la saison, car pendant les jours très-froids ou les grandes pluies, n'étant pas aussi rustiques que les chenilles communes, elles ne sortent point.

» A la fin de décembre, elles ont pris tous leur accroissement; à la mi-Mars, elles rentrent en terre pour se métamorphoser, y filer leurs coques qui sont molles, soyeuses et d'un tissu serré et flexible, et vers la fin de Juillet les phalènes quittent l'état de chrysalide. »

Il est une particularité digne de remarque, et dont la cause est parfaitement indiquée par les naturalistes, c'est que cette chenille est considérée comme très-venimeuse. Les jurisconsultes savent même que les Romains condamnaient aux plus grandes peines ceux qui la faisait servir à leurs coupables projets. J'ignore si son caractère malfaisant est aussi intense aujourd'hui, mais je sais très-positivement que les personnes que j'ai récemment employées à la manutention de son produit en ont ressenti les plus désagréables effets.

En examinant avec quelque attention le nid de cette chenille, le réduit où la famille entière vient s'abriter, il est aisé de reconnaître par la finesse, l'élasticité et le brillant des fils qui le compose un produit éminemment propre à nos fabriques et capable de donner le jour peut-être à un article inconnu jusqu'ici; mais pour parvenir à le filer, pour lui faire subir cette œuvraison qui puisse le classer au rang de nos matières premières, de graves obstacles doivent être vaincus.

D'abord, s'agissant ici d'une matière animale essentiellement soyeuse, de l'œuvre d'une grande agglomération d'individus, et non d'un seul ver, on comprend qu'il est impossible de diviser, de filer ce réduit comme un cocon. Là, point de suite dans le brin, point de gluten à dissoudre, c'est une masse informe, une sorte de feutrage qui ne peut être employé que comme matière filamenteuse, après avoir reçu l'action de la carde.

Toute l'attention de votre commission s'est donc tournée de ce côté; mais avant toute chose, avant de songer à l'action de la filature, il fallait arriver à la possibilité d'approprier cette matière, de la purger de toutes ces impuretés, de toutes ces feuilles ou aiguilles qui restent toujours, quelque attention que l'on prenne, engagées dans les tissus, de tous ces excrémens qui garnissent l'intérieur du réduit et en altèrent sensiblement les parois.

Afin de pratiquer cette opération d'une manière industrielle, c'est-à-dire économiquement, nous avons recouru à l'obligeance de MM. Cayrou frères et Joubert qui ont bien voulu mettre à notre disposition toutes les ressources de leur filature sise au faubourg de Bacalan.

MM. Cayrou et Joubert n'emploient que du coton Louisiane ou des lainages assez propres pour ne nécessiter jamais une ventilation énergique; aussi celle qu'ils ont pu nous procurer a-t-elle été insuffisante; quand donc ils ont voulu livrer cette matière à l'action des cardes, ils l'ont trouvée tellement adhérente, ils ont rencontré dans la division des filamens une telle force de résistance, qu'ils ont été obligés d'y renoncer pour ne pas altérer leurs cardes. Cependant votre commission a pu se convaincre par les résultats obtenus que la difficulté n'était pas invincible, et qu'avec des instrumens convenables il n'était pas impossible d'arriver à des résultats véritablement industriels.

Mais une autre difficulté avait été prévue, car nous ne sommes pas les premiers à Bordeaux, Messieurs, qui auront voulu tirer un parti quelconque du produit du ver-à-soie du pin. Vers la fin de l'année 1731, M. Raoul, conseiller du parlement de Bordeaux, qui avait beaucoup de goût pour les observations d'histoire naturelle, écrivait à Paris, à son ami M. de Réaumur, que sur les pins de son pays se trouvait des nids de chenilles, *fort communs en certaines années, plus gros que la tête d'un homme,* et fournissant beaucoup de belle soie.

Pour surprendre M. de Réaumur par une de ces galanteries auxquelles il le croyait très-sensible, il fit ramasser une grande quantité de cette soie dans le dessein de la préparer et de lui en faire faire une paire de bas.

Une dame se chargea de ce soin, mais pour achever le nettoiement de cette matière, ayant fait bouillir dans de l'eau contenant du savon en dissolution, au bout de quelques minutes elle ne fut plus en état d'être mise en œuvre : elle était toute brisée. M. Raoul soupçonnant que les sels du savon agissaient trop énergiquement sur cette soie, en fit bouillir d'autre dans l'eau seule, mais cette seconde fut réduite à l'état de la première, et l'on crut que pour l'œuvrer il fallait l'employer dans son état naturel ou bien la teindre presque à froid. L'attention de votre commission s'est donc portée sur ce fait tout particulier d'altération de la matière, car si sa nature était telle qu'elle ne dût pas résister aux œuvraisons préparatoires de la teinture, si l'on ne devait en obtenir qu'un tissu écru ou teint à froid, elle pouvait être amenée à penser que la valeur de ces tissus, les ressources que cette matière pouvait offrir à nos fabriques ne seraient peut-être pas dans le cas d'indemniser suffisamment de tous les frais, de toutes les dépenses qu'il aurait fallu faire pour la rendre dans les conditions véritablement industrielles. La commission ne s'est pas bornée aux expériences particulières dont je lui ai présenté l'analyse chimique, elle a voulu connaître le résultat d'expériences plus pratiques encore; elle s'est adressée à un honorable nidustriel decette ville, M. Guibert, teinturier, expérimenté; mais elle a eu le regret de voir ses craintes se vérifier encore. L'écheveau que nous avions obtenu au moyen du fuseau n'a pu résister au décreusage nécessaire à la fixation des couleurs vives. Cette matière ne supporte aucun mordant : teinte en noir, la nuance n'a rien laissé à désirer, mais l'acide pyroligneux, à trois degrés seulement, l'acide gallique lui-même ont suffi, sinon pour décomposer la matière, pour lui enlever du moins toute la ténuité et la consistance nécessaires au tissage.

Tels sont, Messieurs, les renseignemens que la commission m'a chargé de porter à votre connaissance; il n'a pas dépendu d'elle qu'ils fussent plus satisfaisans, car elle aurait vivement désiré pouvoir, en faveur de nos Landes, arriver à une conclusion différente de celle qu'elle formule en détruisant l'espoir industriel que vous auriez pu fonder.

Ainsi donc, Messieurs, que rien ne ralentisse l'ardeur qui nous anime en faveur du mûrier et du ver-à-soie, poussons plus que jamais à leur propagation. La matière qu'ils produisent sera toujours pour le tissage la reine des matières premières, et ce ne sera pas au moyen du *Pithyocampa*, de cette vénéneuse chenille, qu'on fera sortir ces trésors de soie, ces millions d'or croupissant, au dire d'Olivier de Serres, sous le beau ciel de la France.

A. Desplat.

Le développement des travaux de la Société, sa persévérance à exciter le zèle et l'émulation, les honorables sympathies qui l'ont encouragée, ont porté leurs fruits de toutes parts; des plantations nouvelles se sont effectuées, au moins à titre d'essai; des éducations de vers-à-soie ont été conduites à bonne fin, et chaque jour nous voyons se rallier à la cause séricicole quelques convictions rebelles.

Il faut le dire toutefois, les espérances qu'il est permis de concevoir aujourd'hui avaient dû être accueillies avec quelque défiance. A la vue de ces vieux mûriers qu'on retrouve encore çà et là dans la Gironde, on s'était rappelé les efforts impuissans de nos devanciers, et beaucoup d'esprits prévenus avaient jugé de l'avenir par le passé, sans se rendre compte des causes qui avaient pu paralyser les plus légitimes espérances.

Ce passé et ces causes, il ne peut être indifférent de les connaître; aussi nous empressons-nous de donner dans ce recueil une place au travail qui nous est communiqué par notre honorable secrétaire général M. Vallette. Si les faits ont été recherchés consciencieusement et nos lecteurs en jugeront, leur appréciation n'a pas été moins judicieuse.

## De l'Industrie séricicole dans la Gironde.

Mettre les tentatives passées en regard de celles présentes;

Mettre les causes de leur insuccès à côté de tous les élémens favorables qui semblent aujourd'hui devoir concourir à la réussite : tel est le but que je me propose.

Cette démonstration faite, il devra en résulter un enseignement pour l'avenir, enseignement d'autant plus nécessaire que la route à parcourir se montre encore semée d'innombrables écueils, car indépendamment des obstacles qu'on rencontre toujours en voulant introduire les idées industrielles dans un pays aussi mal diposé que le nôtre, il ne faut pas se dissimuler tout ce que présentent de difficile et de compliqué les différentes pratiques séricicoles qu'il s'agit de populariser.

Sous le double point de vue du maintien de la richesse nationale et du développement de notre puissance agricole, nulle question n'est plus digne d'attention, parce que nulle industrie n'est plus belle et plus riche en France, ni plus ancienne et plus noble, non pas seulement par le merveilleux de ses traditions, par le haut renom qu'elle a constamment fait rejaillir sur le pays, mais par l'immense développement qu'elle a procuré à sa puissance économique, comme à tous les arts industriels. Quelle vaste carrière n'ont pas à fournir, d'un côté, cet œuf de ver, de l'autre cette graine de mûrier, depuis le moment où ils éclosent l'un et l'autre jusqu'à celui où les arbitres de la mode s'empareront de leur œuvre commune ! La culture du mûrier et l'éducation du ver-à-soie sont déjà deux industries distinctes, et cependant, que d'autres ne viennent pas ensuite! C'est la filature avec tous les perfectionnemens de la mécanique pour *filer* le cocon, pour *monter* ou tordre la chaîne, pour arriver par les *ouvraisons* du moulinage à satisfaire aux exigences de la fabrication; c'est l'art du teinturier, où les disciples des Berthollet et des Raymond surprennent les secrets de la nature pour obtenir et fixer ces couleurs qui brillent d'un si vif éclat; et puis après viennent ces dessinateurs qui font école dans tous les genres, ces fabricans qui, par le génie de leurs conceptions, tracent d'avance à la navette le chemin merveilleux qu'elle doit parcourir. C'est, en effet, de ce faisceau de lumières, de cet ensemble de connaissances, que naissent ces produits si divers qui rendent l'univers entier tributaire du bon goût de la France. — Si l'Angleterre peut s'énorgueillir à juste titre de ses conquêtes sur l'industrie cotonnière, si les inventions des Hargraves et des Arkwright l'ont conduite à son apogée, nous pouvons citer les noms de Jacquard et de Gensoul, et dire que nos fabriques de soieries, nos filatures, constituent chez nous une industrie sans rivale, une industrie véritablement nationale, qui convient autant aux douceurs de notre climat, à la pureté de notre ciel et de nos eaux, qu'au caractère distinctif de nos mœurs, sur lesquelles l'inconstance des modes exerce un si continuel empire.

C'est à ces causes, sans doute, que son incontestable supériorité a dû de résister aux perturbations les plus profondes et les plus capables de l'anéantir. La révocation de l'édit de Nantes, par exemple, eut pour elle les plus funestes conséquences, car nos plus habiles fabricans, qui étaient protestans, durent émigrer et porter sur une terre plus hospitalière leurs lumières et leurs fortunes. Il est, en effet, assez digne de remarque que les pratiques séricicoles et sérigènes étaient particulièrement alors aux mains des protestans. M. Stéphane Flachat, qui a signalé aussi ce fait dans l'*Industriel*, pense que la cause en était due à *l'esprit d'examen* qui donne toujours naissance à l'esprit d'*invention*; mais ne doit-on pas supposer que la France se ressentait de l'immense impulsion donnée par Olivier de Serres, protestant lui-même; qu'en prenant cette industrie si chaudement à cœur, Henri IV avait dû rallier les sympathies des protestans? Et puis, à l'époque de cette grande calamité nationale, toutes les carrières publiques leur étant fermées, ils durent se dévouer plus particulièrement à la carrière du commerce et de l'industrie. Ce qu'il y a de certain, c'est que Lyon, qui comptait 12,000 métiers de soie à l'époque de la révocation, n'en avait pas même 4,000 quelques années plus tard.

Au risque d'étendre cette digression, je ne veux pas résister au désir de montrer par une citation quelles ont été les conséquences industrielles de ce déplorable événement.

On lit dans les Mémoires de la maison de Brandebourg, par le grand Frédéric, ce qui suit:

« La guerre de trente ans, outre les maux qu'elle » causa, détruisit en particulier le peu de commerce que » le nord de l'Allemagne faisait.

» Il arriva, depuis, un événement favorable qui avança » considérablement les projets du Grand-Electeur. Louis » XIV révoqua (en 1685) l'édit de Nantes, et quatre cent » mille Français sortirent pour le moins de ce royaume; » les plus riches passèrent en Angleterre ou en Hollande; » les plus pauvres, mais les plus industrieux, se réfugiè» rent dans le Brandebourg, au nombre de vingt mille ou » environ; ils aidèrent à repeupler nos villes désertes, et » nous donnèrent toutes les manufactures qui nous man» quaient.....

» A l'avénement de Frédéric-Guillaume à la régence, » on ne faisait en ce pays ni chapeaux, ni bas, ni serges, » ni aucune étoffe de laine; l'industrie des Français nous » enrichit de toutes ces manufactures. Ils établirent des

» fabriques de draps, de serges, d'étamines, de petites » étoffes, de droguets, de grisettes, de crépon, de bonnets et de bas tissés sur des métiers, des chapeaux de » castor, de poil de chèvre et de lapin, des tentures de » toutes les espèces; quelques-uns de ces réfugiés se fi» rent marchands, et débitèrent en détail l'industrie des » autres. Berlin eut des orfèvres, des bijoutiers, des hor» logers, des sculpteurs, et les Français qui s'établirent » dans le plat pays y cultivèrent le tabac, et firent venir » des fruits et des légumes excellens dans les contrées » sablonneuses, qui par leurs soins devinrent des pota» gers admirables. Le Grand-Electeur, pour encourager » une colonie aussi utile, lui assigna une pension an» nuelle de quarante mille écus dont elle jouit encore. »

Ce n'est pas seulement la Prusse qui profita ainsi de nos malheurs, la Suisse et l'Angleterre eurent leur part de nos dépouilles; et dès ce moment la France, qui marchait au premier rang, qui n'avait pas même de rivale, dut se préparer à la lutte dont nous n'avons que trop ressenti les effets jusqu'ici !

Telle fut, il est probable, l'origine des fabriques de la Silésie, de celles de Crefeld et d'Elberfeld dans la Prusse rhénane, de Bâle et de Zurich en Suisse, et de Spitalfields en Angleterre.

Il faut le reconnaître toutefois, sous le rapport du goût et de l'art, nous n'avons jamais eu trop à souffrir de ces concurrences. On a même vu depuis d'habiles fabricans, excités par l'appât du gain, par les brillans avantages qui leur étaient offerts, porter librement à l'étranger les bienfaits de la mère-patrie; mais, soit qu'abandonnés à leurs seules inspirations, soit que privés d'émulation ils n'aient pu rectifier ces écarts d'imagination auxquels le goût même le plus exercé se livre quelquefois, ils sont bientôt tombés dans le médiocre et souvent plus bas encore.

Mais si le sceptre du goût est resté à la France, si ces brocards, ces damas, ces riches étoffes pour tentures et pour meubles où le génie du fabricant a de larges proportions pour se développer, se sont maintenues à Lyon; il n'en a pas été de même des étoffes unies, des étoffes simples dont la consommation est usuelle; aussi nous n'avons plus pour ces articles les débouchés extérieurs que nous exploitions autrefois sans partage. Cependant, il faut en convenir, dans le mouvement général des transactions, notre part est encore assez belle : car, indépendamment de la consommation de 33 millions d'âmes que nous pourvoyons exclusivement, la somme de nos expéditions de soieries ne s'élève pas à moins de 140 millions de francs, ce qui fait plus du cinquième du chiffre de nos exportations générales. Sous le rapport agricole, quand nous ne récoltons en France, d'après les dernières statistiques ministérielles, que pour 42 millions de soie, l'alimentation de nos fabriques en réclame pour plus de 90 millions, sans égard encore à ce que la libre sortie permet aux fabriques étrangères de tirer de nos marchés !

C'est qu'il faut le dire, aucune matière de consommation ne se plie si merveilleusement à toutes les exigences. Depuis le soulier jusqu'au chapeau, depuis l'épais brocard jusqu'à la gaze légère, elle prend toutes les formes, elle circule dans tous les mondes. On peut dire que la soie est entrée dans nos mœurs, dans toutes les pratiques de la vie : car, soit qu'elle ombrage le front de la mariée, soit qu'elle le couvre du crêpe de deuil, elle se mêle à toutes nos joies, à toutes nos douleurs ! La soie n'est donc plus une étoffe de luxe réservée aux habits de cour, aux ornemens d'église; les développemens de l'industrie, les progrès de la civilisation, en mettant les étoffes de soie à la portée de toutes les classes et de toutes les bourses, en ont étendu la consommation dans des proportions vraiment incalculables.

Après ces quelques lignes sur l'importance de la soie considérée comme l'un des principaux élémens de notre puissance économique, il convient de rappeler succinctement son origine et les degrés par lesquels elle a dû passer pour arriver dans la Guienne, depuis son apparition dans le monde industriel.

Les anciens, en remontant au temps de Strabon et de Pline (1), n'avaient qu'une idée très-imparfaite et surtout très-inexacte de l'origine de la soie, car ils l'attribuaient à la mousse ou au duvet d'un arbre des forêts de l'Ethiopie. Pline rapporte qu'en Assyrie le ver-à-soie faisait son nid avec de la terre fortement durcie qui, attachée aux pierres, se conservait toute l'année; il ne dit rien du cocon, rien de la graine, rien des phénomènes de la production. Les Egyptiens et les Perses firent par caravanes, et par les ports du Malabar, un grand commerce de cette étoffe qui se vendait au poids de l'or; mais ils ne connurent pas la nature et la confection de ce merveilleux tissu. Ce ne fut que sous Justinien qu'on parvint à recueillir des idées plus exactes. L'auteur de l'*Histoire de la domination des Arabes* raconte que deux moines qui avaient pénétré jusqu'aux frontières de la Chine, apportèrent à Constantinople des notions certaines, non-seulement sur l'origine de la soie et l'éducation du ver dont ils avaient conservé de la graine, mais encore sur la manière de fabriquer les étoffes. L'empereur les accueillit avec joie et les combla de présens, car il avait depuis

(1) Voir Olivier de Serres, et de Marlés dans son Histoire de l'Inde.

long-temps cherché à s'approprier ce riche commerce. Des éducations furent donc immédiatement faites par les soins de ces deux moines, et elles obtinrent tant de succès, qu'elles se multiplièrent prodigieusement dans toute la Grèce et principalement dans le Péloponèse.

Cette circonstance des deux moines est aussi rapportée par Olivier de Serres, et elle coïncide parfaitement avec a date (552) que d'autres ont assignée à l'apparition de cette industrie à Constantinople.

On vient de voir que la propagation des cultures séricicoles s'était particulièrement étendue dans le Péloponèse. Elles paraissent même y avoir été confinées pendant plusieurs siècles, car on ne retrouve leur marche vers l'Occident que sous l'empereur Conrad. L'histoire rapporte qu'en 1147, lorsque Roger II, roi de Sicile, saccagea Athènes, Corinthe, etc., ces villes étaient renommées par leurs manufactures de soie; qu'il amena un grand nombre de leurs habitans pour implanter cette industrie dans son royaume; mais leur prospérité en fut peu troublée, car, lorsqu'en 1346 Patras fut enlevé aux Vénitiens par les Turcs, cette ville était encore célèbre par son commerce de soie (1).

De la Sicile, la fabrication des étoffes de soie se répandit en Italie, à Gênes, à Bologne, à Florence, à Venise, et finalement en France.

Plusieurs versions sont accréditées ici : les uns placent le berceau de cette industrie à Avignon, sous les papes, vers la fin du 13.e siècle; d'autres le veulent à Marseille en 1290; d'autres encore, et avec eux Olivier de Serres, attribuent son introduction en France au voyage que fit Charles VIII à Naples en 1494; mais cette version n'est

(1) Vertot, histoire de Malte.

pas la plus fondée, et il me paraîtrait plus exact de dire avec M. le comte de Gasparin que l'introduction des mûriers remonte à la première conquête de Naples par les Français au 13.ᵉ siècle, car il est certain qu'en 1480, c'est-à-dire antérieurement à l'époque indiquée par Olivier de Serres, Louis XI fit venir des ouvriers italiens à Tours.

Ce ne fut que quarante ans plus tard, et sous François I.ᵉʳ, que des Milanais et des Florentins (1), chassés par les discordes des Guelfes et des Gibelins, dotèrent Lyon de l'industrie qui l'a rendue depuis si riche et si florissante.

Elle dut y jouir d'un accroissement rapide; car on trouve dans les annales lyonnaises des réglemens sur les manufactures de soie, établis déjà par Henri II, en 1554. Colbert, qui possédait le génie des affaires, imprima surtout à cette industrie une action qui n'aurait pas connu de bornes sans la calamité religieuse que j'ai rappelée tout-à-l'heure.

« Lyon, écrivait en 1698 M. d'Herbigny, intendant de » la généralité, dans ses temps de prospérité, avait compté » plus de 90,000 âmes; mais le nombre a diminué d'au » moins 20,000, *tant à cause de la guerre que de la morta-* » *lité des dernières années.* »

M. d'Herbigny écrivait dans un temps où la véritable cause de cette décroissance ne pouvait être indiquée; s'il eût été plus libre et mieux placé pour la dire, il eût aisément reconnu qu'après avoir hérité de la faveur des guerres intestines, Lyon avait sacrifié à l'esprit d'intolérance, et perdu, par la proscription, un grand nombre des citoyens qui avaient fait jusque-là sa gloire et son bonheur.

Moins de cent cinquante ans s'étaient écoulés depuis l'établissement des manufactures lyonnaises jusqu'à l'inten-

(1) Alexandre de Turquet et J.-F. Nariz sont les noms conservés dans les annales lyonnaises.

dance de M. d'Herbigny ; et, à peine sorti de ses jours néfastes, Lyon reçut, dans l'année 1689, 6,000 balles de soie pesant environ 960,000 livres ; mais sur ce nombre, à peine 200 balles provenaient des provinces françaises, le Languedoc, la Provence et le Dauphiné. Lyon consommait 3,000 balles, la Touraine 1,500, et le reste s'expédiait à Paris et dans la Picardie.

En suivant la marche de cette industrie en Italie et en France, il ne faudrait pas croire que partout furent fabriquées ces grandes et magnifiques étoffes qui se vendaient au poids de l'or, et qui seyaient si bien à la sévérité des modes du moyen-âge ; ce n'est pas, en effet, par ces riches damas qu'on suit la tradition historique pas à pas. La Sicile fabriquait, sous le nom de *gros de Naples*, un tissu uni, formé comme la toile par une trame et par une chaîne simple ou doublée, et dont tout le mérite consiste dans la régularité de la matière et des mouvemens de l'ouvrier qui l'emploie.

Lorsque Florence se mit à fabriquer, c'est encore la même étoffe qu'elle fit ; mais comme sans doute les matières employées étaient ou plus fines ou d'une qualité différente, le même travail fit naître une étoffe plus légère qu'on appela *florence*. Bologne fut renommé pour ses crêpes crêpés, car la fabrique lyonnaise a conservé jusqu'à nos jours ce type originel ; mais Marseille fit, sous le nom de *marcelline*, l'étoffe de Florence en qualité plus forte. Introduite à Avignon, elle s'appela, comme actuellement encore, *florence d'Avignon* ; et c'est en se rapprochant davantage du genre des *lévantines*, qui provenaient du *Levant*, que Tours fit cette étoffe appelée *gros de Tours*.

On a vu qu'en 1690 la France produisait à peine 200 balles de soie, et que pour alimenter ses fabriques elle était à la discrétion des importations de la Perse, du Levant et de la Sicile, tandis que son climat se montrait très-favorable à la production de cette matière, et que sa richesse agricole pouvait en être considérablement augmentée. Un pareil état de choses ne pouvait échapper à l'attention des esprits éclairés du temps, de ceux qui s'intéressaient au développement de la prospérité publique. Charles VIII et Henri II marchèrent bien sur les traces de Louis XI; mais ils n'avaient pas des Olivier de Serres et des Colbert pour donner à l'industrie séricicole l'impulsion qu'elle réclamait et qu'elle reçut plus tard de ces grands citoyens. Cette impulsion se ressentit, pour ainsi dire, de la spécialité de leur génie. Colbert avait fait une étude particulière de la science économique : son père avait été négociant à Lyon, lui-même avait fait un apprentissage commercial dans cette ville; aussi son attention fut-elle plus souvent ramenée vers les idées industrielles. Les réglemens sur nos fabriques de soieries, qui viennent si souvent en aide à la belle institution des prudhommes, témoignent en effet de toute l'ardeur des sympathies de Colbert pour l'industrie lyonnaise.

L'auteur du *Théâtre de l'Agriculture*, Olivier de Serres, avait ramené vers le sol les études du jour. En cherchant à développer les richesses qu'il renferme et en portant son génie observateur sur toutes les branches de la production agricole, il reconnut bientôt que nulle ne serait plus profitable au pays que la culture séricicole; aussi son traité sur la cueillette eut-il pour objet, ainsi qu'il le dit « de mettre en évidence les trésors de soie ca- » chés dans la terre et les millions d'or y croupissant. » Persuadé que là où vient la vigne peut venir la soie, il démontra que les divers climats de France convenaient parfaitement à la culture du mûrier, qu'il devait tout au plus résulter une cueillette plus ou moins hâtive des différences de température. Pour assurer ensuite la mise en pratique de ces vérités, il s'attacha spécialement à l'éducation du ver; il y porta sa rare intelligence et vulgarisa, pour ainsi dire, des pratiques restées jusqu'alors à l'état de mystères.

Sully, qui administrait alors, voulait certes le développement de la richesse nationale; mais, soit que les idées spéculatrices fussent moins développées de son temps, soit qu'une trop prudente sagesse eût rétréci à ses yeux l'horizon de la question, il ne fut pas donné à la gloire de ce grand homme d'état d'accueillir les idées d'Olivier de Serres ;il eut au contraire le malheur de les combattre dans les conseils du roi, car il ne vit dans les fabriques de soie qu'un élément de luxe devant entraîner à des dépenses inutiles.

Il fut en cela vivement combattu par le Chancelier, qui prétendit que le luxe ne s'en établirait pas moins; que les sommes considérables qu'il faudrait exporter pour le satisfaire seraient bien mieux employées à donner à nos terres une production nouvelle. Cela était vrai au point de vue agricole; mais, pour le Chancelier comme pour Sully, il ne s'agissait encore que d'un produit de luxe, tandis que plus tard Colbert vit tout d'abord une immense consommation à développer, soit en France, soit à l'étranger; il vit l'une des sources industrielles dont l'exploitation devait le plus assurer la puissance productive du pays.

Le Chancelier s'était particulièrement inspiré des œuvres d'Olivier de Serres (1); son opinion devait prévaloir,

---

(1) En témoignage de sa reconnaissance, Olivier dédia au chancelier, en 1604, la *Seconde richesse du mûrier blanc;* il démontra dans cet opuscule que le mûrier blanc pouvait être employé avec grand succès comme plante textile et filamenteuse.

car elle était aussi celle du maître. On voit, en effet, dès 1599, Henri IV vivement préoccupé des moyens d'introduire la soie en France, car, au moment où il marchait contre le duc de Savoie, il faisait trêve aux soucis de la guerre pour demander à Olivier un discours, afin, dit-il, dans sa lettre datée de Grenoble, que la France « se voie » rédimée de la valeur de plus de quatre millions d'or que » tous les ans il en fallait sortir pour la fournir des étof- » fes composées de cette matière, ou de la matière même. » Olivier mit la main à l'œuvre avec toute l'ardeur d'une conviction profonde, et l'ouvrage qu'il fit en réponse, et qu'il publia sous le titre *De la cueillette de la soie par la nourriture des vers qui la font*, parut à Henri IV si élémentaire et si complet, que la cause du mûrier fut immédiatement gagnée. Le roi donna tous les ordres nécessaires à l'intendant-général de ses jardins pour faire venir des mûriers, établir des pépinières, faire des distributions gratuites, et rembourser par des primes les frais de culture. Olivier de Serres, qui en eut la charge spéciale, fit telle diligence, qu'en 1601, près de 20,000 mûriers avaient déjà été introduits aux environs de Paris, et jusque dans le jardin des Tuileries. Henri IV y fit bâtir ce qu'il appela sa grande maison des vers-à-soie, où il allait souvent témoigner, par sa présence, tout l'intérêt qu'il prenait aux progrès de cette industrie.

Désirant rattacher les souvenirs de la Guienne à l'enchaînement historique qui précède, j'ai regretté de ne rien trouver à cette époque qui fût digne d'être consigné ici. Il paraît même certain qu'aucune tentative séricicole n'y avait encore été faite, car cette province, ainsi que la Gascogne, furent mises par Olivier de Serres au nombre de celles qui n'avaient pas d'excuses à donner pour « ne s'emploier à tant fructueuse culture »; et l'on voit que les généralités de Paris, de Tours, d'Orléans et de Lyon furent seules désignées par Henri IV pour jouir des primes d'encouragement qu'il venait d'établir.

La Guienne ne participa donc point officiellement à ce grand mouvement industriel. Cependant il est certain que des tentatives isolées y furent faites, car on en retrouve les traces un siècle plus tard, au moment où l'intervention administrative apparut enfin.

Ce fut en 1722 (1) qu'un sieur Chatal présenta au ministre un mémoire destiné à faire ressortir l'importance toujours croissante des fabriques de soieries et celle qu'elles pouvaient acquérir encore; remettant en évidence les vues d'Olivier de Serres, il s'attacha surtout à démontrer la possibilité d'introduire la culture du mûrier dans la Guienne, où elle réussissait mieux que dans le Languedoc et la Provence.

« Les denrées qui donnent du revenu dans la Basse-» Guienne, dit-il, sont les blés, les vins et les chanvres. » Quand le prix de ces denrées vient à tomber, particu-» lièrement des vins, les propriétaires de biens-fonds » ont de la peine à payer les futailles qu'ils emploient, et » de se rembourser des frais de la culture de leurs vigno-» bles; les recettes du roy y sont souvent arriérées; mais » si ce pays jouissait de l'avantage de la culture des mû-» riers, qui dans la plupart des endroits doublerait la va-» leur des biens-fonds, ces augmentations de revenu ren-» draient la Guienne la plus riche et la plus délicieuse » province de l'Europe, ce qui, par une suite nécessaire, » augmenterait les revenus du roy, sans que le peuple se » trouvât surchargé. »

---

(1) Epoque la plus ancienne conservée aux archives de l'intendance générale de la Gironde. (Voir Portefeuille, n.º 617.

Ce mémoire, qui semble écrit d'hier, par l'actualité de ses vues, contenait assurément des idées très-généreuses et très-praticables; mais elles vinrent se briser contre l'ignorance et le mauvais vouloir. On prétendit que le climat de la Guienne n'était point propice à cette culture; que, s'il en eût été autrement, elle eût bien certainement gagné de proche en proche depuis son apparition sur les confins de la Généralité, dans les environs de Montauban. Mais Chatal était trop convaincu pour en demeurer là; il revint à la charge en 1726 et réfuta victorieusement les objections qui lui avaient été opposées. Aussi le ministre Lepelletier des Forts, sur l'avis du bureau de commerce, ordonna-t-il, en 1727, que la culture du mûrier serait pratiquée dans la Guienne; on se contenta néanmoins de faire quelques semis dans les pépinières de la Généralité, qui ne réussirent pas et ne furent pas continuées.

Chatal ne se tint point pour battu. En 1736, il s'adressa de rechef au ministre qui, prenant encore sa demande en considération, le renvoya à M. Boucher, alors intendant de la Généralité de Guienne.

M. Boucher fit examiner à son tour le mémoire de Chatal par la chambre de commerce de Bordeaux, qui l'approuva, car tous les esprits supérieurs étaient convaincus. Au point de vue de la production, il y avait possibilité de l'obtenir et nécessité de l'entreprendre. Seulement la mise en œuvre semblait réclamer des spécialités de savoir et de pratique qui manquaient. Chatal étant venu dans la province et s'étant offert pour aider à la réalisation de ses vues, tout fut décidé.

On trouve, en effet, aux archives de la Généralité, trois Ordonnances à la date des 8 mai et 3 juin 1738 et 21 mars 1739, pour le paiement d'une somme de 230 livres imputables à l'exercice de 1737, savoir :

30 livres à un sieur Lestonnac, « pour le loyer du terrain dans lequel il a été semé de la graine du mûrier pour *l'essay* de l'établissement des vers-à-soie et pour l'entretien du plant qui est provenu de cette graine. »

100 — à compte au sieur Chatal, « pour *l'essay* d'un établissement de vers à soie dans cette Généralité. »

100 — imputables à l'exercice de 1736, et toujours au sieur Chatal, « pour être par lui employées à la dépense à faire pour *l'essay* des vers-à-soie dont on doit faire un établissement. »

230 livres, et depuis 100 livres audit, pour solde.

Le texte si formel de ces Ordonnances dit assez que c'est à elles qu'il faut remonter pour trouver les auteurs et les époques de l'introduction réelle de l'industrie séricicole dans la province de Guienne.

Dès-lors, tout sembla devoir marcher à grands pas sous la direction et la surveillance d'hommes remplis d'un zèle que rien ne semblait rebuter. Les archives du temps renferment de nombreux témoignages de leur persévérance; mais d'autres documens font supposer aussi que l'intendant Boucher avait la main forcée dans tout ce qu'il faisait pour l'industrie séricicole.

M. de Tourny paraît. A la vue du grand administrateur tout change bientôt de face. Ce n'est plus une aumône de quelques livres qu'il accorde à ces idées industrielles, car il en a compris de suite toute la grandeur et la portée. Il fait rendre un arrêt du conseil pour ordonner que sur une somme de 4,458 livres 6 sous 8 deniers, restante *en revenant bon* sur les impositions pour logement des officiers militaires, 3,309 livres 8 sous seraient employés dans l'année aux pépinières et aux frais concernant les mûriers. Les tentatives de culture furent généralisées, et de nombreuses pépinières s'élevèrent à Libourne, Périgueux, Sainte-Foy, Villeneuve, Agen, Nérac, Blaye et Bordeaux. On voit, par un rapport de Chatal, qui fut spécialement chargé de leur inspection, qu'elles occupaient 15 arpens $^1/_4$ de terrain, et que de 1743 à 1746 elles durent livrer à la consommation 142,500 pieds de mûriers !

On comprend que, privée d'alimens, la question d'éducation ne dut pas marcher simultanément. Chatal fit quelques essais fructueux pour compléter ses démonstrations; d'autres éducations furent faites par un sieur Treilhard, de Brive, et un sieur Seguy, de Villeneuve-d'Agen; mais les tentatives les plus sérieuses, celles qui paraissent se lier à la pensée organisatrice, eurent lieu à Montauban en 1745 et à Libourne en 1747.

Un chanoine de la première ville avait pris cette industrie en affection toute particulière, et fait comprendre à M. Boucher la nécessité de créer une filature afin de faciliter l'écoulement des produits obtenus. Ce projet n'avait pas été goûté par cet intendant; mais M. de Tourny en facilita bientôt l'exécution. Il existe, en effet, un arrêt du conseil d'état du Roi, daté de Versailles, le 9 mai 1745, qui accorde aux sieurs François et Fleury Jubié frères, fabricans de soie, demeurant à la Sône en Dauphiné, aux sieurs Rigal aîné et comp., de Montauban, » l'établissement avec privilége exclusif d'une manufac- » ture pour le tirage des soies, à la croisade, et suivant » la méthode usitée en Dauphiné. » Cet arrêt, longuement motivé, constate que les soies obtenues dans la Généralité de Montauban égaleraient les meilleures qualités du royaume si elles étaient mieux filées.

Un sieur Pierre Deluze jeune, de Libourne, adressa une requête à l'intendance générale en 1747, afin d'élever des vers-à-soie, sous la condition d'obtenir pendant six ans la feuille du mûrier du jardin et des environs de Libourne, une maison meublée, une personne propre à filer, si mieux on n'aime lui payer ses *coques*, avec exemption du logement des gens de guerre, du guet, de la garde et collecte, etc.

Chatal fit un rapport favorable à cette requête, et la jurade de Libourne ayant été appelée à en délibérer, octroya la demande par délibération en date du 20 février 1747.

Rien ne prouve mieux la pénurie d'éducateurs, de gens versés dans les pratiques séricicoles, que l'acceptation d'aussi exorbitantes conditions. Elle montre surtout la gravité des difficultés qui durent assaillir cette entreprise. L'action stimulante resta donc long-temps circonscrite dans la sphère du pouvoir; les masses prirent un assez médiocre intérêt à une culture et à une industrie dont on ne leur avait pas assez fait comprendre les avantages, ou dont la réussite ne leur paraissait pas assez certaine.

M. de Tourny passé, tout retomba dans l'inertie. J'ai bien lu quelque part qu'en 1759 M. de Richelieu remit, de la part du Roi, une superbe épée à M. Dufaut, en récompense des soins qu'il donnait à la manufacture de soie à Bordeaux. Mais on ne retrouve les traces de son administration aux Archives, qu'en ce qui concerne les théâtres et les danseuses. Plus tard, de bien autres préoccupations agitèrent les esprits; l'horizon, gros de tempêtes, recélait la foudre, elle éclata, et la tourmente révolutionnaire engloutit jusqu'au nom de *Guienne !...*

C'est d'une action énergique et constante qu'il eût fallu doter cette province lorsqu'il en était temps; car elle possedait, comme aujourd'hui, une production agricole qui faisait sa gloire, qui, suffisant à sa population, ne permettait guère de songer aux innovations. Toutes ses facultés étant ainsi absorbées, elle dut se montrer fort peu disposée à courir les hasards d'une culture inconnue. Ce n'est pas que l'industrie vinicole fût toujours prospère; on pourrait même, par de nombreuses citations, rappeler ses cruelles vicissitudes; mais pour déterminer un changement dans la nature de la production, il fallait pouvoir pousser à l'entraînement par la conviction et montrer par les résultats obtenus ce qu'il était possible de faire et d'obtenir. Or, les essais tentés jusqu'alors avaient presque tous été voués par avance à l'insuccès, n'ayant jamais présenté les conditions industrielles sans lesquelles il n'est pas de réussite possible.

C'est que les pratiques séricicoles, il ne faut pas craindre de l'affirmer, sont aussi délicates, aussi nombreuses que difficiles à posséder; elles sont surtout dans une telle dépendance les unes des autres qu'il suffit d'en manquer une pour perdre tout. Sans doute il est facile de planter des mûriers, d'élever des vers-à-soie, de filer des cocons; mais, sous le rapport commercial, qui est le véritable point de vue de la question, il est fort difficile, sans connaissances pratiques, sans une direction éclairée de tous les instans, d'arriver aux résultats lucratifs qui sont le terme de toutes les entreprises industrielles.

Le mûrier venait aisément sous le beau ciel de la Guienne; mais pour assurer sa meilleure et sa plus longue exploitation industrielle, il aurait fallu approprier les plantations à la nature et à l'exposition du sol, déterminer le choix des espèces, assurer les meilleurs moyens de reproduction et imprimer de bonne heure à la sève les directions les plus utiles.

L'éducation du ver-à-soie devait aussi être facile sous le beau ciel de la Guienne ; mais pour élever dans les conditions industrielles, il ne fallait pas, comme il est souvent arrivé, que le produit ou rendement fut inférieur aux dépenses qu'on faisait pour l'obtenir ; il fallait savoir tirer le plus grand parti de toutes ses ressources, obtenir avec elles seulement, et par le sage emploi qu'on en saurait faire, les résultats les plus élevés qu'il puisse être permis d'atteindre.

Après ces soins de bonne administration, il en est d'autres qui dérivent des connaissances hygiéniques qu'il fallait indispensablement posséder pour remédier aux influences atmosphériques parfois contraires, aux émanations délétères qui deviennent plus pernicieuses alors même qu'on opère sur une plus grande échelle.

Et puis ensuite il fallait savoir où écouler les cocons. Les expédier au loin devait être chose onéreuse, et pour ainsi dire impossible, dans ces temps où les rapports commerciaux avec le centre étaient encore si rares ou si lents.

Créer alors, pour de petites parties, toutes les manœuvres industrielles par lesquelles le cocon doit passer avant d'arriver à l'état de tissu ; établir des filatures, aller jusqu'au décreusage de la soie, comme le fit une bonne dame Lasalle de Saint-Sulpice, en 1761, c'était perdre son temps et ses déboursés. Je n'hésite pas à dire qu'il y avait dans ce mouvement irréfléchi le plus grave écueil que l'industrie séricicole pût rencontrer. Cet écueil, contre lequel sont venues se briser les tentatives de nos devanciers, subsiste encore aujourd'hui ; il se montre même plus redoutable par l'impatience qui s'empare de nous. On plante, et à peine l'arbre mal affermi a-t-il pu jeter quelques racines dans le sol, à peine a-t-il pu donner quelques feuilles qui, comme organes respiratoires, si l'on peut s'exprimer ainsi, sont aussi nécessaires à la vie que les racines elles-mêmes, on le dépouille impitoyablement pour le livrer en pâture à quelques vers mourant d'inanition et ne pouvant fournir ensuite que la plus triste carrière.

Et encore si on s'en tenait là! mais on veut filer, et, de même qu'on n'a pas compris qu'en dépouillant si prématurément le mûrier on l'énervait, on détruisait son avenir, on ne comprend pas davantage que, loin d'accroître la valeur du cocon en le filant en l'absence des conditions industrielles requises, on n'obtient souvent qu'un produit inférieur et d'une défaite plus difficile.

Il ne peut être hors de propos de donner quelques développemens à la démonstration de cette vérité. Ils serviront à mettre davantage en lumière l'écueil que nous avons signalé tout-à-l'heure.

Les nombreuses pratiques séricicoles embrassent deux phases distinctes :

1.° Celles *agricoles*, — simples et composées ;

2.° Celles purement *industrielles*.

La *première* consiste à planter, greffer et tailler l'arbre et à élever le ver-à-soie;

La *deuxième* à filer, mouliner, teindre et tisser.

L'une peut être aisément accomplie dans nos campagnes. Le cocon, produit composé du ver et du sol, constitue une seule et même récolte; il faut savoir faire des cocons avec la feuille du mûrier, comme on sait faire du vin avec le fruit de la vigne.

Mais là doit cesser l'œuvre du producteur; car, s'il veut aborder la filature, qui est la première partie de ce que j'ai appelé la phase industrielle, il est probable qu'il ne fera rien qui vaille.

L'art du fileur est un art à part, qui exige des connaissances spéciales, une pratique plus exercée, une attention plus soutenue encore que l'éducation du ver.

Les voies naturelles, une observation intelligente et soigneuse peuvent conduire l'éducation aux résultats recherchés; mais ici tout est manuel, tout dérive du métier.

Il ne suffit pas, en effet, de *dévider* le cocon, il faut le *filer*, c'est-à-dire, savoir donner à la jonction des brins le tors, la netteté, l'élasticité et la régularité voulus.

Il faut savoir faire tout cela avec habileté, c'est-à-dire, avec économie de temps et de matière.

Il faut connaître la valeur industrielle du produit, connaître à l'avance la consommation qu'il pourra satisfaire.

En admettant tout cela comme donné, on ne sera pas encore dans les conditions industrielles requises; pour filer son propre produit, quelque important qu'il soit, deux à trois tours pouvaient suffire, et on aura dépensé pour les mettre en action la même force motrice, le même combustible que pour vingt tours; car on ne peut, sur une si courte échelle, établir le système Gensoul et chauffer à la vapeur.

Dans les vrais pays de production, les Cévennes, le Vivarais, le Dauphiné, la filature est une branche absolument séparée de l'éducation. On voit souvent la feuille se vendre au marché à de nombreux éducateurs, qui élèvent des vers-à-soie sans avoir un seul mûrier; mais on voit toujours la filature aux mains d'hommes absolument spéciaux, habiles à tirer par leur expérience et leur entente de la mécanique les produits les plus parfaits. Pour arriver là, il faut pouvoir, quelquefois sur toute la provision d'une campagne, classer et choisir les cocons par affinité d'espèce, de qualité et de couleur, et ne distribuer jamais le travail de la journée sans avoir observé cette rigoureuse loi; et puis ensuite il faut voir avec quelle attention, quelle sollicitude le contre-maître veille à la régularité de la main-d'œuvre, avec quelle promptitude il arrête la fileuse et s'assure de l'exactitude de son travail, lorsqu'il a quelques raisons d'en douter; c'est que toutes ces irrégularités, ces inexactitudes se résument, à la vente, en une infériorité de prix qui, souvent répétée, peut enlever les fruits de la campagne.

Quelle dépréciation ne devra donc pas peser sur le produit de cet éducateur qui aura filé sans choix tous ses cocons, depuis le premier jusqu'au dernier, qui aura filé avec un tour plus ou moins parfait, qui en aura abandonné la conduite à une ouvrière plus ou moins exercée, plus ou moins attentive, plus ou moins scrupuleuse, et ne pourra offrir à la vente qu'une petite quantité de soie filée trop gros ou trop fin, et sans *titre* exact et suivi?... Je ne crains pas de l'affirmer, son résultat sera moindre que celui qu'il aurait obtenu par la vente de son premier produit, et alors se sera vérifié pour lui cet axiôme des Cévennes : « *Le cocon, c'est de l'or; la soie, c'est de l'argent.* »

Les résultats de toutes ces précipitations, de toutes ces ardeurs inconsidérées, durent infailliblement décourager nos prédécesseurs. Le défaut d'hommes expérimentés dans la pratique pour faire sentir ces inconvéniens; le défaut de publicité, l'absence de sociétés savantes ou industrielles pour exciter le zèle, nuisirent encore à la propagation. Aussi, les entreprises qui n'avaient pu être assez répandues pour être lucratives, qui n'avaient pu obtenir qu'un produit dispendieux resté sans valeur, durent-elles être inévitablement abandonnées.

La face des choses est maintenant changée; tout semble merveilleusement se prêter à la reprise des travaux de nos devanciers, et nous promettre les résultats qui ont si souvent manqué à leurs efforts. La facilité des communications, le mouvement général des affaires entretiennent de fréquens rapports avec les contrées séricicoles; des hommes pratiques se sont attachés au sol de la Gironde, et n'ont pas attendu les encouragemens du pouvoir pour dévouer leur temps et leur fortune à des établissemens dont la prospérité leur semblait immanquable. Ils ont introduit dans le département des familles exercées qui répandent, à leur tour, de proche en proche, les lumières de l'expérience. Des hommes de zèle et d'action ont compris le besoin d'établir entre eux une communauté d'efforts. Des sociétés savantes sont venues à leur aide, et une presse toujours également dévouée quand il s'agit de questions étrangères à la politique, assure à leurs travaux la publicité la plus complète et la plus nécessaire.

Plus d'inertie, plus de mauvais vouloir. La centralisation a placé l'autorité dirigeante sous l'action plus immédiate du pouvoir suprême, mais les intérêts locaux ont des représentans assurés, des conseils généraux qui peuvent défier l'instabilité du pouvoir, et suivre jusqu'au bout, jusqu'à ses fruits, la même pensée d'utilité publique.

La culture séricicole peut donc être bien éclairée et bien comprise aujourd'hui; elle peut offrir à l'intérêt individuel un puissant mobile présentant toutes les garanties de succès désirables, car, ainsi que l'a dit Olivier de Serres, « la nourriture des vers-à-soie se rend aussi re-
» commandable à cause de ce qu'elle n'empêche aucun
» ouvrage des champs, se rencontrant ès mois d'avril et
» de mai, avant que le peuple ait nulle occupation à la
» récolte, donnant tel retardement moyen au père de fa-

» mille de trouver aisément et à suffisance gens pour ce » service. »

Lorsque ce grand agronome introduisit dans les Cévennes et le Vivarais l'industrie de la soie, une culture locale lui opposa les plus opiniâtres obstacles, et il fallut qu'un hiver rigoureux vînt détruire les oliviers pour assurer la docilité à ses conseils. Nous avons aussi, nous, une culture locale ; quelque souffrante qu'elle soit ou qu'elle ait été, il ne s'agit point de la détruire, mais bien d'augmenter la richesse du sol. Nous avons d'immenses terrains en friche, et dans la France, qui n'est même plus celle de Louis XIV, la population s'est accrue de plus de dix millions d'âmes. Les lumières et le crédit se sont également développés; les bras, l'intelligence et les capitaux ne sauraient donc manquer à notre œuvre.

. . . . . . . . . . . . . . . . . . . . . . . . . . . . . . . . . . .

VALLETTE.

---

La Société a reçu de l'un de ses honorables correspondans des renseignemens séricicoles qui ont vivement excité son intérêt.

M. le docteur Yvan est, comme l'on sait, attaché à l'ambassade française en Chine. L'emploi qu'il a fait, des momens qu'une relâche à Rio-de-Janeiro a pu lui laisser, est le gage des espérances que son utile coopération a fait naître en nous. Arrivé en Chine, dans ce pays si riche de faits naturels, si intéressant au point de vue de la production séricicole, de précieuses observations pourront être faites par M. le docteur Yvan; aussi, la Société accueillera-t-elle toujours avec empressement et reconnaissance l'œuvre des loisirs qu'il voudra bien lui consacrer encore.

M. le docteur Yvan s'exprime ainsi :

« Comme je ne saurais accepter un titre quelconque sans me préoccuper du but que se propose la Société qui veut bien m'admettre dans son sein, je prends la liberté de vous adresser quelques observations que j'ai faites au Brésil sur les essais qui ont été tentés pour l'éducation des vers-à-soie dans ce pays. Ce n'est point aux environs même de Rio-Janeiro que les éleveurs ont commencé leurs expériences; le climat brûlant de cette ville était bien, il faut l'avouer, un obstacle au but qu'ils se proposaient, qu'il ne fallait pas même essayer de vaincre; aussi, ils ont été s'établir sur les confins de la Serra dos Orgoes et de Nova-Fribourgo, là où une élévation assez considérable, au-dessus du niveau de la mer, leur faisait espérer de trouver une climature en rapport avec les besoins de l'insecte. Mais dans cette partie même de l'Amérique méridionale ils ont trouvé des conditions climatériques qui ne sauraient favoriser leurs tentatives. Le premier de tous les inconvéniens, et peut-être celui qui s'opposera constamment au développement normal du *Bombix*, est l'humidité de l'atmosphère pendant l'époque de l'année qu'on a pourtant jugée la plus propice pour la récolte. Cette humidité est telle qu'on ne saurait parvenir, en chauffant convenablement les lieux d'éclosion, à obtenir un développement simultané de tous les œufs, et par cela même à élever les vers qui résultent de ces espèces d'avortemens partiels avec uniformité.

Le second inconvénient qui se présente réside surtout

dans la texture de la feuille : l'espèce de mûrier la plus généralement répandue au Brésil, et peut-être même le seul qui existe, est le mûrier multicaule; mais au lieu de présenter, comme en France, une texture membraneuse ferme et même un peu sèche, elle est ici lâche et aqueuse, et ne saurait par cela même, sans un assez grand volume, nourrir suffisamment la chenille. De telle sorte que lorsque l'animal éprouve cette faim dévorante, qui précède l'époque de sa retraite dans le cocon, au lieu d'acquérir les forces qui lui sont nécessaires par l'assimilation des parties ingérées en grande quantité, il est pris de déjections liquides qui amènent la mort ou qui lui font hâter un travail qu'il n'accomplit plus que d'une manière partielle. Aussi, tous les cocons que j'ai vus étaient-ils d'une petitesse extrême, les cloisons à peine formées d'une réunion de fils présentant une consistance tout au plus semblable à celle du papier sur lequel j'écris cette lettre, de couleur blanche et d'une légèreté excessive, en ayant même égard au peu de consistance du tissu. M. Tibergheins, de Nova-Fribourgo, qui a été de moitié dans tous les essais sérieux qui ont été tentés, m'a assuré que pendant certaines années il leur avait été impossible d'obtenir l'éclosion d'un seul œuf, et que pendant d'autres toutes les chenilles étaient mortes de la maladie que j'ai signalée plus haut. Quant à moi, après avoir vu la localité qui a attiré l'attention des éleveurs Brésiliens, je crois pouvoir prédire que jamais on n'arrivera à un résultat satisfaisant. Je base mon opinion sur ces faits : c'est que dans ces lieux, où la température moyenne se rapproche beaucoup de celle de la France pendant la saison chaude de l'année, aucun des fruits d'Europe n'y garde le caractère originel du lieu dont il est indigène.

Sans doute, à la Serra dos Orgoes, à Nova-Fribourgo,

on mange des pêches, des pommes, quelquefois des raisins et même des fraises; mais tous ces fruits sont sans aucune saveur, et quels qu'aient été les efforts des horticulteurs, ils n'ont obtenu que des produits imparfaits et n'ont jamais pu leur rendre leur saveur originelle. Les formes elles-mêmes y ont subi des altérations plus ou moins profondes.

Les personnes qui, par une expérience de plusieurs années, ont été convaincues de l'impossibilité qui paraît exister à acclimater le *Bombix mori* dans la partie de la province de Rio, qui comprend les environs de cette ville, la Serra dos Orgoes et Nova-Fribourgo, ont cherché si parmi les lépidoptères du Brésil il n'en existe aucun qui pût, en s'élevant convenablement, donner une soie de bonne qualité. Le *Bombix* qui a paru jusqu'à présent remplir les conditions recherchées, est un insecte du genre *Saturnia*, de Latreille, et probablement même le *Saturnia cécropia*. J'ai vu les cocons de cet insecte, ils sont absolument semblables à ceux du *Saturnia Pavonia major* ou *grand Paon de nuit*, espèce qui se trouve très-communément en France; ils sont seulement plus petits et la soie en est plus fine et plus déliée. Toutefois, cette espèce ne sera jamais appelée à une production réelle. Les fils du cocon sont agglomérés ensemble par une substance muqueuse, dont il est fort difficile de les débarrasser, et l'insecte file de telle sorte son enveloppe, qu'il est impossible d'en tirer la soie comme on le fait pour le *Bombix* de Chine. On est réduit à carder ces cocons comme on le fait en France pour les cocons qui ont été percés par la sortie de l'insecte parfait. Ainsi, en calculant les chances les plus favorables, on ne pourrait jamais obtenir qu'un produit qui exigerait une main-d'œuvre plus considérable, d'une infériorité absolue sous le rapport de la finesse, et excessivement difficile à filer. D'ailleurs, si malgré toutes les prévisions, on tirait quelque parti du *Saturnia cécropia*, rien ne serait plus simple que de l'acclimater en France. Je sais qu'à Hambourg les amateurs de lépidoptères ont élevé pendant plusieurs années ce papillon par curiosité, et qu'ils y réussissaient très-bien. Il est probable que les *Bombix* qu'on multiplie en Chine en liberté, sont des congénères de l'espèce brésilienne; mais alors il doit exister d'autres conditions dans la constitution du cocon qui permettent d'en utiliser les produits avec facilité. C'est ce que je serai à même, je l'espère, de vérifier un jour; mais, en attendant, je crois pouvoir assurer que la partie du Brésil que j'ai parcourue, c'est-à-dire, que Rio-Janeiro et ses environs, la Serra dos Orgoes, Nova-Fribourgo, dans un rayon de vingt lieues autour de ces points, ne sont point appelés à jouer un rôle quelconque dans l'industrie séricicole.

Une circonstance aurait dû, en apparence, modifier mon opinion, c'est que M. Tranin, jeune français qui est venu s'établir au Brésil dans l'intention d'y développer cette industrie, vient de gagner la prime qui avait été promise par le gouvernement brésilien à celui qui parviendrait à obtenir cinq kilos de cocons. Ce succès est à mes yeux complétement insignifiant. M. Tranin a dépensé une somme de 80,000 fr. en essais infructueux, et il serait on ne peut plus ridicule de donner comme un succès significatif la minime quantité de cocons, renfermant encore leurs chrysalides, obtenue par lui cette année.

Tels sont les renseignemens que j'ai cru devoir vous transmettre, je vous prie de les accueillir avec indulgence. Peut-être tous ces faits vous sont-ils déjà connus, dans ce cas je ne pouvais faire mieux que d'adresser mes observations à des juges aussi compétens que vous, afin que vous en fassiez tel usage qui vous paraitra convenable. Si au cap de Bonne-Espérance j'observe quelques faits qui me paraissent dignes d'intérêt, j'aurai l'honneur de vous les transmettre. »

M. YVAN.

---

## ENCOURAGEMENS ET RÉCOMPENSES.

Sur le rapport de M. F. Ginouilhac, juge si compétent et si éclairé, la Société a décerné à M. LAFONT-FÉLINE la médaille d'or du premier prix.

La plantation de M. LAFONT-FÉLINE, dans la commune de Bruges, auprès de l'hippodrome, est véritablement hors ligne; 15,000 mûriers la composent, dont 5,000 hautes tiges, 4,000 basses tiges, et 6,000 en haie et tous dans un état parfait de réussite et d'entretien.

M. LAFONT-FÉLINE, qui a eu tout à créer et qui n'a été inspiré que par ses convictions, a déjà préparé une magnanerie qui ne le cède pas à l'importance de ses plantations. Tout ce qui est nécessaire à la formation d'un établissement séricicole de premier ordre sera donc bientôt réuni par ses soins intelligens; aussi, la Société se plait-elle à l'encourager par l'expression de ses plus vives sympathies.

### Prix d'éducation.

1.er *Prix :* A M.me la Supérieure des sœurs de Saint-Joseph, à Barsac, une médaille d'argent et 50 fr.

2.e *Prix :* A M.lle Sophie Gay, pour une éducation faite à Blanquefort, une médaille d'argent et 20 fr.

3.e *Prix :* A la femme Lesparre, pour une éducation faite à Pessac, une médaille de bronze et 25 fr.

### Prix de filature.

1.er *Prix :* Au sieur Etienne Menesplet, éducateur et fileur depuis trente ans sur le domaine de M. le comte de Virieu, à Pessac sur Dordogne, une médaille d'argent et 30 fr.

2.e *Prix :* A Désirée Daniel, au Bouscat, une médaille de bronze et 15 fr.

3.e *Prix :* A Adèle Guillet, de Bruges, une médaille de bronze et 10 fr.

A Rosine Hory, de Valleraugues, 25 fr.

## Distributions de mûriers greffés haute tige.

MM. L'abbé Crépin, à Carcans (Médoc).... 50.
Coyeault, à Bazas................ 50.
Dussaut, à Créon................. 50.
Le comte de Beaumont (pour être répartis)........................... 100.
M.gr l'Archevêque, à Mérignac...... 50.
Jaubert, à Pessac................ 25.
Vivey père, à Pessac............. 25.
Arnaud, à Pessac................. 25.
Fauchard, à Caudéran............. 25.
Fabre, à Villenave d'Ornon.......... 25.
Dutauzin, à Cestas................ 25.
Delavergne-Delage, à Gravereau..... 25.
L'abbé Buchou, à Villenave.......... 25.
Roux, à Léognan................... 25.
Daney, à Preignac................ 25.
Forteau, à Targon................ 25.
Faugère, à Grignols.............. 25.
F. Félix, à Saint-Antoine, près Blaye. 25.
Petit, à ................ 25.
Bodkin, à Léognan................ 25.
Le Curé de Moncenis............. 50.
Jay, à Sainte-Foy................ 25.
Daguzan, à Arbanats.............. 25.
Cadillant........................ 25.

MAURAS, à Léognan................ 25.
BOUSSENOT........................ 25.
BONNET........................... 25.
EMILE MARTIN, médecin............ 10.
POUR la pépinière spéciale de la Société séricicole en hautes tiges, baguettes greffées et pourrettes............ ».

---

La Société continuera pour 1845 ses distributions à titre de récompenses et d'encouragemens.

---

Au nombre des plus intéressantes et des plus instructives publications que la Société a reçue cette année, il faut placer le sixième volume des annales de la société séricicole de Paris, qui soutient et justifie chaque jour, la haute réputation que lui ont acquis ses travaux. Nous signalerons plus tard à l'attention de nos lecteurs de nombreux faits dignes de remarque; disons seulement aujourd'hui, que par le compte-rendu de M. F. DE BOULLENOIS, qui apporte toujours au service de notre belle industrie un dévoûment si éclairé et si judicieux, par les rapports de M. BRUNET DE LAGRANGE, qui n'est pas animé d'une foi moins sincère et moins vive, on peut se faire une idée générale du mouvement imprimé à l'industrie séricicole, et résumer en quelque sorte ses progrès et ses perfectionnemens.

Ne prononçons pas le mot de progrès, sans parler du savant professeur dont s'honore l'industrie sérigène. Citer le nom de M. Robinet, c'est indiquer en effet la source à laquelle tout éducateur de vers-à-soie, tout fileur de cocon, doit nécessairement puiser, s'il veut participer aux bienfaits des lumières et de l'expérience. Nous croyons donc rendre un véritable service à nos lecteurs en leur adressant le catalogue suivant :

*Librairie d'agriculture de* M.[e] V.[e] Bouchard-Huzard, *rue de l'Éperon, 7, à Paris.*

---

OUVRAGES DE M. ROBINET,

*Professeur du cours sur l'industrie de la soie, membre de la Société royale et centrale d'Agriculture, de l'Académie royale de médecine, etc., etc.,*

SUR L'INDUSTRIE DE LA SOIE.

---

1837. NOTICE SUR LES ÉDUCATIONS DES VERS-A-SOIE, faites dans le département de la Vienne. Médaille d'or de la Société royale et centrale d'agriculture. Rapport de M. *Loiseleur-Deslongchamps.*

1838. **NOTICE SUR LES ÉDUCATIONS DES VERS-A-SOIE**, faites en 1838 dans le département la Vienne ; trois planches.

Première partie. 1 fr. 25 c.

Deuxième partie 60 c.

1839. **NOTICE SUR LES QUATRE ÉDUCATIONS** faites en 1839 dans le département de la Vienne ; une planche. 1 fr. 50 c.

Première partie.

Deuxième partie.

*Idem.* **MÉMOIRE SUR LA FILATURE DE LA SOIE.** 7 planches. 4 fr. 50 c.

C'est le premier ouvrage spécial publié sur cette matière importante.

*Idem.* **EXPÉRIENCE SUR LA VENTILATION DES MAGNANERIES.**

Premier mémoire ; une planche. 75 c.

1840. **NOTICE SUR LES ÉDUCATIONS FAITES EN 1840** dans le département de la Vienne, insérée dans les Mémoires de la Société royale et centrale d'agriculture, sur un rapport de M. *de Gasparin.*

*Idem.* **NOTE SUR LA TAILLE DU MURIER.** Extrait du Propagateur de l'industrie de la soie.

*Idem.* **PREMIER MÉMOIRE SUR LE MURIER** ; inséré dans les Mémoires de la Société royale et centrale d'agriculture, sur un rapport de M. *de Gasparin.*

*Idem.* **DEUXIÈME MÉMOIRE SUR LA VENTILATION DES MAGNANERIES** ; inséré dans les Mémoires de la Société royale et centrale d'agriculture, sur un rapport de M. *de Gasparin*.

Ces quatre Notices réunies se vendent 4 fr.

*Idem*. DEUXIEME MÉMOIRE SUR LE MURIER; inséré dans les Mémoires de la Société royale et centrale d'agriculture, sur un rapport de M. *de Gasparin*. Dans ce Mémoire, on peut remarquer une expérience composée de sept éducations successives sur deux races de vers-à-soie. 50 c.

*Idem*. TROISIÈME MÉMOIRE SUR LE MURIER. 50 c.

1841. TROISIÈME MÉMOIRE SUR LA VENTILATION DES MAGNANERIES. — CONCLUSION. Inséré dans les Mémoires de la Société royale et centrale d'agriculture, sur un rapport de M. *de Gasparin*. 1 fr.

*Idem*. VENTILATION HORIZONTALE ET VENTILATION INCLINÉE. Extrait des Annales de l'agriculture française. 50 c.

1843. RECHERCHES SUR LA PRODUCTION DE LA SOIE EN FRANCE. Travail ayant pour but de résoudre cette question : Quelles sont les causes qui influent sur les qualités de la soie ?

Ce travail a pour base plus de 500 échantillons de cocons provenant,

1.° De plus de 50 races de vers-à-soie ;

2.° De 40 départemens français ;

3.° De l'Italie, du Piémont, de la Russie, de l'Inde, etc. ;

4.° D'un très-grand nombre d'éducations expérimentales.

Il comprend 600 échantillons de soie sur lesquels il a été fait plus de DOUZE MILLE expériences, soit avec le sérimètre et l'éprouvette, soit par des procédés chimiques et mécaniques.

PREMIER MÉMOIRE :

PRODUCTION DE LA MATIÈRE PREMIÈRE. Extrait des Mémoires de la Société royale et centrale d'agriculture.

DEUXIÈME MÉMOIRE :

DES PROPRIÉTÉS GÉNÉRALES DE LA SOIE. Extrait des Mémoires de la Société royale et centrale d'agriculture; deux planches.

1843. PROCÉDÉ POUR LE BATTAGE DES COCONS, ou moyen d'obtenir des cocons le plus de soie possible; par M. *Robinet*. 1 fr. 50 c.

*Idem*. La MUSCARDINE : des causes de cette maladie et des moyens d'en préserver les vers-à-soie, par M. *Robinet*. 2 fr. 50 c.

*Idem*. NOTICE sur les machines applicables à la filature et à l'appréciation de la soie. 50 c.

---

LES INSTRUMENS décrits dans la NOTICE se trouvent chez MM. *Millet* et *Robinet*, rue Jacob, n.° 48, à Paris.

Tour avec deux guindres, croiseur, etc. 100 fr.

Fourneau, bassine, table en zinc, pot en cuivre. 65

Sérimètre. 150

Croiseur pour la filature à la Chambon. 12 fr.

Croiseur Morel, pour la filature à la Chambon. 10

Croiseur pour la filature à un bout. 20

Eprouvette. 150

Tavelles et porte-tavelle pour l'éprouvette. 35

L'emballage de ces objets n'est pas compris dans les prix ci-dessus.

---

ŒUFS DE VERS-A-SOIE de toutes les races expérimentées; par MM. *Millet* et *Robinet*, et M.[me] *Millet*. Le kilogramme. 300 fr.

BORDEAUX. — IMPRIMERIE DE LAVIGNE.

www.ingramcontent.com/pod-product-compliance
Ingram Content Group UK Ltd.
Pitfield, Milton Keynes, MK11 3LW, UK
UKHW021028180726
13838UKWH00004B/1660